全国高等院校设计类专业通用教材

HANDPAINTING EXPRESSION -INTERIOR TECHNIQUE

手绘名师表现技法·室内篇

主　编　董君
副主编　赵胜华　王先杰
　　　　缪同强　牛哓霆

中国林业出版社

图书在版编目（CIP）数据

手绘名师表现技法. 室内篇 / 董君主编. -- 北京 :
中国林业出版社, 2012.1
ISBN 978-7-5038-6263-2

Ⅰ. ①手… Ⅱ. ①董… Ⅲ. ①室内装饰设计－绘画技法 Ⅳ. ①TU204

中国版本图书馆CIP数据核字(2011)第141604号

全国高等院校设计类专业通用教材
《手绘名师表现技法——室内篇》
本书编委会
顾　　问：宋永平
主　　编：董　君
副 主 编：赵胜华　王先杰　缪同强　牛晓霆
执行主编：李　壮
委员(按照姓氏拼音顺序排序)：
蔡春艳　董　君　郝雪鹏　贾海洋　林蜜蜜　缪同强　牛晓霆
王继开　王先杰　王亚英　赵　峰　赵　晖　赵胜华
参与编写人员：
陈　婧　张文媛　陆　露　何海珍　刘　婕　夏　雪　王　娟　黄　丽　程艳平　高丽媚
汪三红　肖　聪　张雨来　陈书争　韩培培　付珊珊　高囡囡　杨微微　姚栋良　张　雷
傅春元　邹艳明　武　斌　陈　阳　张晓萌　魏明悦　佟　月　金　金　李琳琳　高寒丽
赵乃萍　裴明明　李　跃　金　楠　邵东梅　李　倩　左文超　李凤英　姜　凡　郝春辉
宋光耀　于晓娜　许长友　王　然　王竞超　吉广健　马宝东　于志刚　刘　敏　杨学然

中国林业出版社 • 建筑与家居出版中心
责任编辑：纪　亮

出　版：中国林业出版社 （100009 北京西城区德内大街刘海胡同 7 号）
网　址：www.cfph.com.cn
E-mail：cfphz@public.bta.net.cn
电　话：（010）8322 5283
发　行：新华书店
印　刷：北京利丰雅高长城印刷有限公司
版　次：2012年1月第1版
印　次：2012年1月第1次
开　本：889mm×1194mm 1/12
印　张：14
字　数：150千字
定　价：68.00 元

■ 序言/PREFACE

“手绘”是硬道理

一提到“手绘”，我的脑袋里一下子冒出了“仓颉造字”这个事情来，我的想象继续延续：仓颉拿着一根木棍或者石头之类的物件，在大地、石壁或者海滩上比划着……，我想，仓颉不一定是“手绘”第一人，但“仓颉造字”这件事一定可以称得上是人类最早的“手绘”行为了。这样的假想不是出于考据学的目的，而是想说明一下手绘与“创造”的渊源关系；“儿童涂鸦”这个行为可以称得上人类启智活动的最初始的反应，它同样可以称得上是具有原始纯真质朴性质的“手绘”，现代主义绘画大师克利、杜布菲的绘画艺术就得益于此。这两个人类元初智力与情感觉醒的例子，提示了“手绘”对于人类创造力潜质发挥的重要作用。

虽然我们出版的“手绘名师表现技法”，与广义的“手绘”不是完全相同的一个概念，这里的手绘，更多的是倾向于作为“说明”性质的绘画表现，然而，或许背后蕴藏着创造的观念或思想，或许更高境界的设计是通过大量的手绘来组织建立和不断完善的。

当今现实，是一个崇尚技术和效率的年代，我们不能否定效率原则在改变现实方面的积极作用，然而与此同时，相反的因素对于艺术实践甚至具有更加重要的作用。“手绘”这个词，在当下让我们感到既亲切又异样，尤其在这个机器鼎盛的年代，人的基本能力正在逐步被机器“代劳”，比如记忆力将被芯片取代，表现力正在被无所不能的操作系统所取代，行动能力被虚拟所取代……

“手绘”是人类与自然交流，同时也是认识自然最便捷的手段和方法，唯其手绘，才是诱导创作灵感最根本最直接的表达方法，但由于技术指标的要求，对于求学者来说，需要通过一定的训练才能掌握这个能力，而训练又是一个艰苦磨练的过程，在这个过程中，一部分人，为寻求捷径而极容易被机器的便捷所诱惑，殊不知，一时的便捷实际上有可能放弃对自身创造力潜质的挖掘和培养，而设计的终极追求当是对创造力和人文情感的表达，而这一切的磨练，尤其通过最质朴的手段，才是正途而别无捷径。通过对自身潜质的挖掘与锤炼，再掌握机器的表现功能才是比较主动的姿态。

通过机器，克服表现的障碍，是人类最具想象力与创造力的构想和伟大的实践，在越来越强大的机器功能面前，整个人类在分享伟大成果的同时，不得不面对普遍被异化与贬斥的危机，尽管在设计领域的手绘是那么具有理性色彩，然而人的在场感，终究是大于机器和技术的重要因素。在这个时刻，对于“手工”感的强调，以及带有体温的“手绘”实践，或许是超越机器、抵抗异化的一个不错的方案！

2011年11月1日

室内手绘表现技法

概述

一、概念

设计表现是设计师通过可视的影象表达设计思维的一种方式，它能直观地反映设计师预想中的室内空间、色彩、材质、光照等装饰艺术效果。设计表现产生的手绘效果图是介于一般绘画艺术与工程技术图纸之间的一种绘画形式，是对客观真实的描绘，不带主观随意性；绘画作品则主张突破现实，表达自己的主观感受与激情。手绘效果图不同于一般工程技术图，它具有较高的艺术观赏性。

二、室内手绘表现图的特性

（1）传真性：通过画面对建筑物、室内空间、质感、色彩、结构的表现及艺术处理，能够接近真实的场景效果。
（2）快速性：运用新型的绘画工具、材料，快速勾勒出能够表达设计师设计意图的画面场景。
（3）注解性：为了让业主了解设计师的创作意图、性能及特点，能够以一定的图面文字、尺度来注释说明。
（4）启发性：在表现物象结构、色彩、肌理和质感的绘图过程中，能够启发设计师产生新的设计思路，逐步完善设计。

三、室内手绘表现图的具体要求

（1）透视准确、结构清晰、陈设之间的比例关系正确
（2）素描关系明确、层次分明、空间感强
（3）明确室内整体的色彩基调，依据不同的空间环境，确定色彩的基调种类

室内手绘表现图的基础

一、透视与构图技法

透视点的正确选择对效果图表现效果尤为重要，最经典的空间角落，丰富的空间层次，只有通过理想的透视点才能完美的展现。以下为不合理的构图技法案例：要将画面最需要表现的部分放在画面中心，对较小的空间要进行有意识的夸张，使实际空间相对夸大，并且要将周围场景尽量绘全一些。尽可能选择层次较丰富的视觉角度，若没有特殊要求，要尽量把视点放的低些，一般控制在1.7米以下。

太大拥挤

太小拘谨

太偏失衡

二、材料的准备和使用方法

在学习室内手绘表现技法之前，除了对其概念的理解，接下来的就是做好材料的准备，了解常用材料的性能特点，掌握它们的基本用法与注意事项，为以后学习做好铺垫。

1. 铅笔

铅笔是大家非常熟悉的书写工具，作为绘画建筑效果图的工具，铅笔具有不为一般人所知的很多用途，利用不同的铅笔处理方法可以绘制不同的效果。比如铅笔的削法就很重要，一般根据不同的需要可以削成平角或尖角，如图平角铅笔可以画出粗细变化的线条。

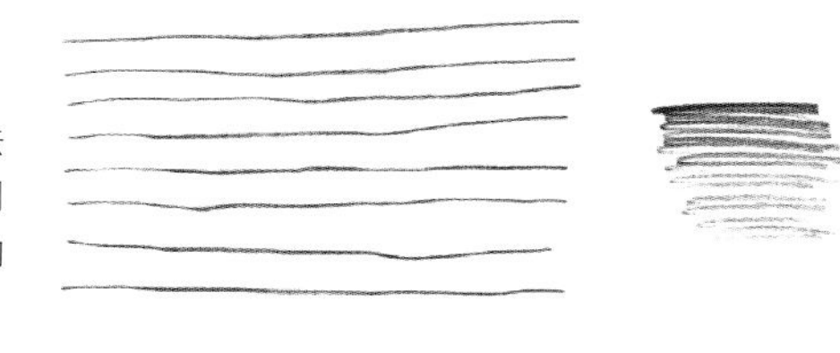

2. 橡皮

一般将橡皮对角切开，形成尖角即可用于擦出肌理，修整细节，如图利用橡皮擦拭出水和光影的效果。

3. 钢笔、签字笔、针管笔

这三种笔是我们手绘时使用最多的笔类工具，个人可根据自己的爱好选择。

4. 马克笔

马克笔是最具有专业特色的手绘工具，有着快速简洁、便于携带等诸多优点，是国内设计师使用最为普遍的一种工具。

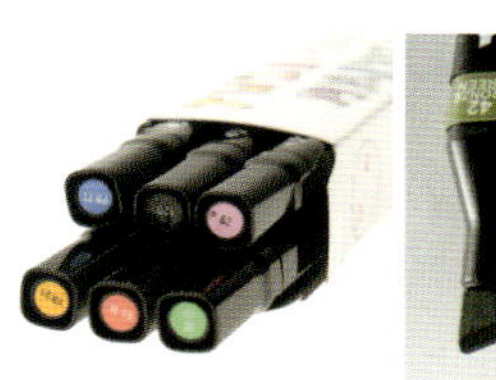

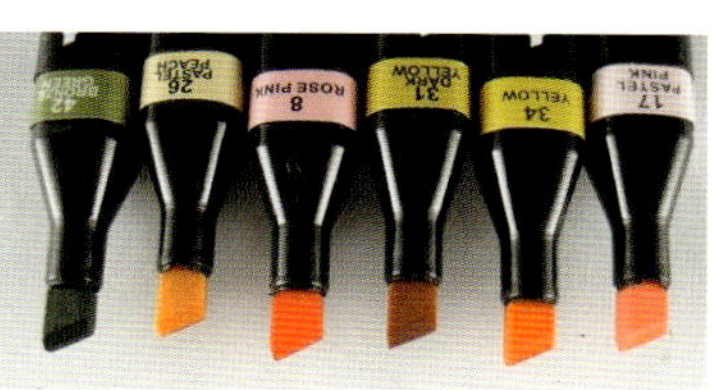

5. 毛笔

这里说的毛笔主要是针对画水彩而言的，包括水彩笔、底纹笔、衣纹笔等。

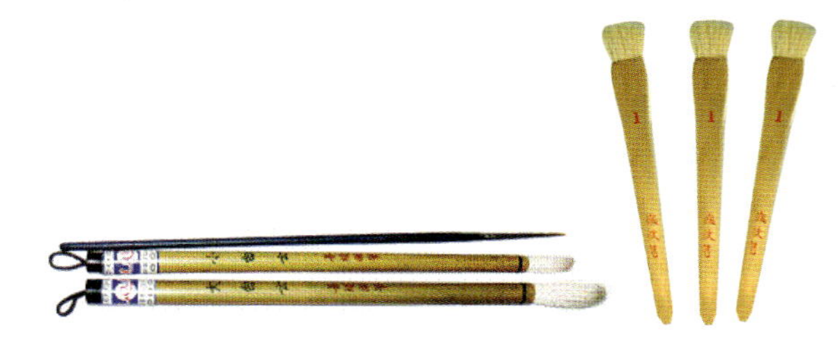

6. 彩色铅笔

彩色铅笔是一种非常方便快捷的绘图工具，其使用方法多样，但是学习起来简单容易，又因其价格便宜，故而对于初学者是一种非常理想的工具。

7. 纸张

纸的品种有很多，有复印纸、草图纸、素描纸、绘图纸、水彩纸、拷贝纸，等等。

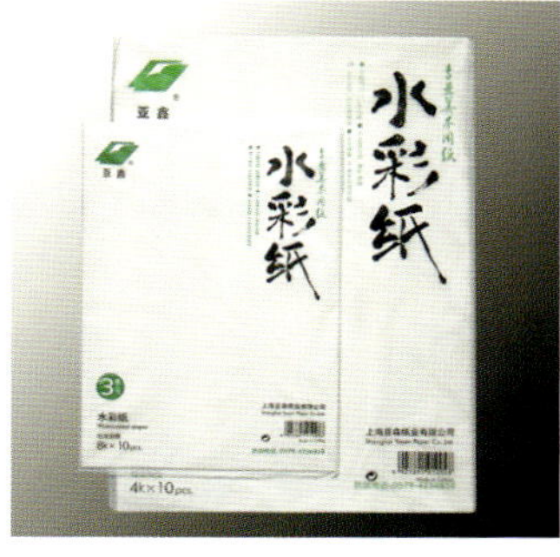

各类表现技法所要求的工具、纸张和颜料

技法种类	笔	纸	颜料	辅助工具
水彩表现技法	水彩笔、叶筋笔、衣纹笔	水彩纸	水彩颜料	三角尺 直尺 丁字尺 曲线板（尺） 界尺 模板 调色盒 剪刀 美工刀 橡皮擦 双面胶 糨糊 电吹风等
水粉表现技法	水粉笔、白云笔、衣纹笔、棕毛板刷	水彩纸、水粉纸、白卡纸	水粉颜料	
喷绘表现技法	喷笔	绘图纸、水彩纸、白卡纸	水质颜料	
透明、水色表现技法	针管笔、羊毛板刷、叶筋笔、尼龙笔、白云笔	绘图纸、水彩纸、白卡纸、复印纸	透明（照相）、水色	
彩色铅笔表现技法	针管笔、羊毛板刷	绘图纸、水彩纸、白卡纸、复印纸等	彩色铅笔	
马克笔表现技法	针管笔、马克笔	水彩纸、白卡纸、复印纸、硫磺纸等	马克笔	
综合表现技法	按需综合适用	各类纸	水质颜料	

8．纸技法——湿法裱纸

具体操作步骤（如下图所示）

用板刷将纸两面润湿，将其正面朝上。

再用板刷将纸下的空气赶出。

将湿毛巾平铺在画纸正面，再将四边折起 2cm宽度，用干毛巾吸干水分，涂上糨糊。

用湿毛巾将纸折起的部分压紧，为了能让纸绷紧，需向外用力。

纸技法——干法裱纸

首先用板刷纸的正面润湿。

再将纸的四周折起2cm的宽度，涂上糨糊。

用湿毛巾向外用力将纸折起的部分紧压到画板上。

将纸吹干或使其自然风干。

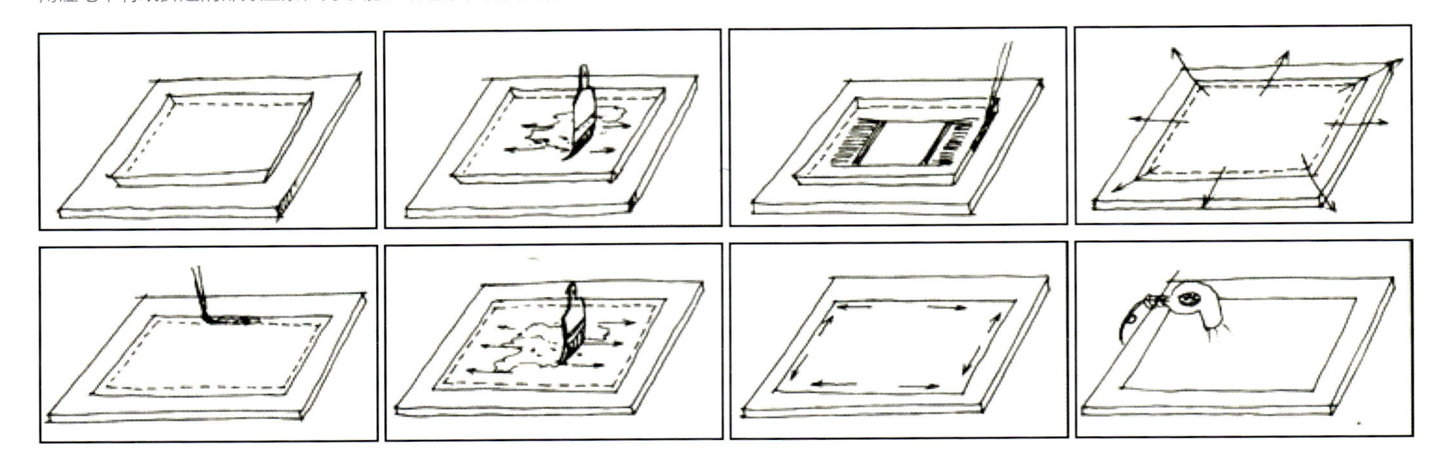

9．拷贝底图

为保证透视效果图尤其是用透明水色及水彩等表现出的色彩画面能够干净整洁，一般都要在绘图前使用描图纸或在拷贝纸上绘出透视底稿，然后再将底稿描拓拷贝到正图上，或是在拷贝台上直接对底图进行拷贝。

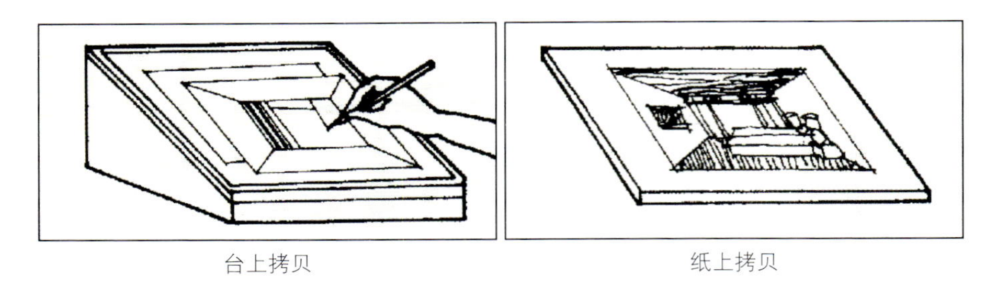

台上拷贝　　纸上拷贝

10．颜料——水粉颜料、水彩颜料

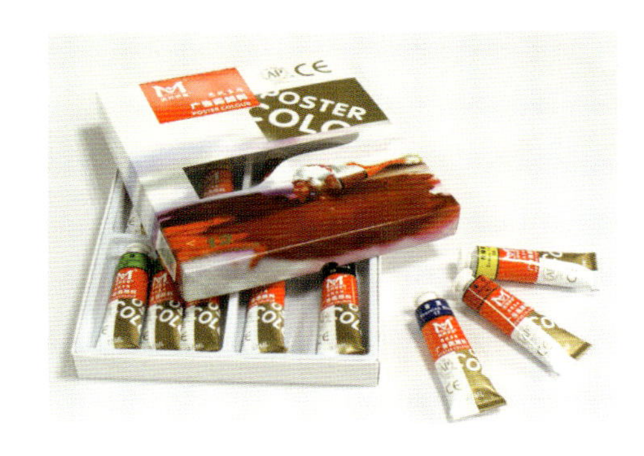

11．尺规

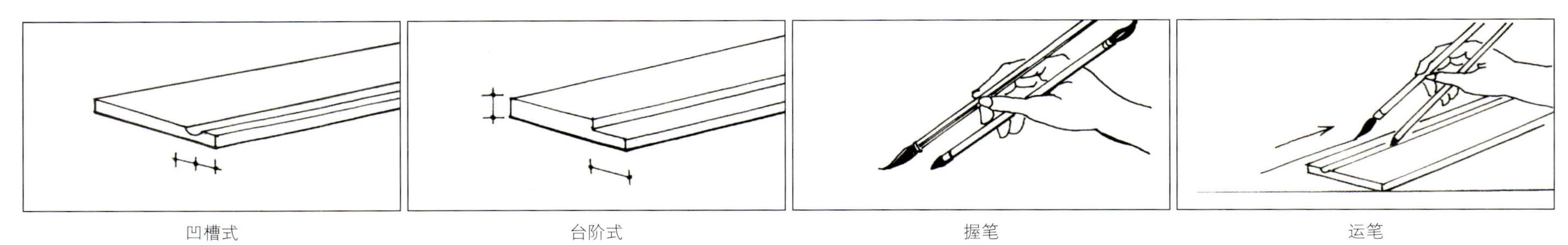

凹槽式　　台阶式　　握笔　　运笔

常用的有：界尺、直尺、三角板、丁字尺、圆规等。
界尺技法
界尺有台阶式和凹槽式两种，通常是效果图着色不可或缺的绘图工具，它能使线条保持平直挺拔。
握笔——右手握两支笔，一支为沾上颜料水粉笔或叶筋笔，笔头向下，另一支笔头向上，笔杆向下，顶部抵靠在界尺上，如图所示。
运笔——左手按尺，右手的拇指、食指、中指控制画笔，距尺约6–10mm处落笔于纸面，中指、无名指与拇指夹紧笔杆，由左向右沿界尺均匀用力移动。

12. 其他辅助工具

除以上介绍的各种工具外，还有一些是必不可少的辅助工具，如调色盘、笔洗、画板、水溶胶带、吸水布等，如果条件允许还可以准备一台电吹风。

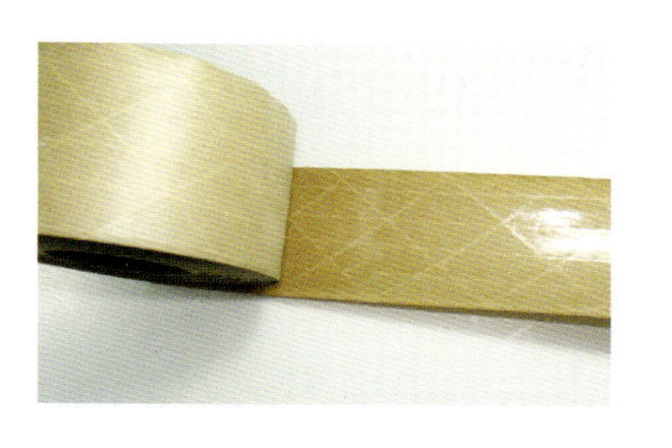

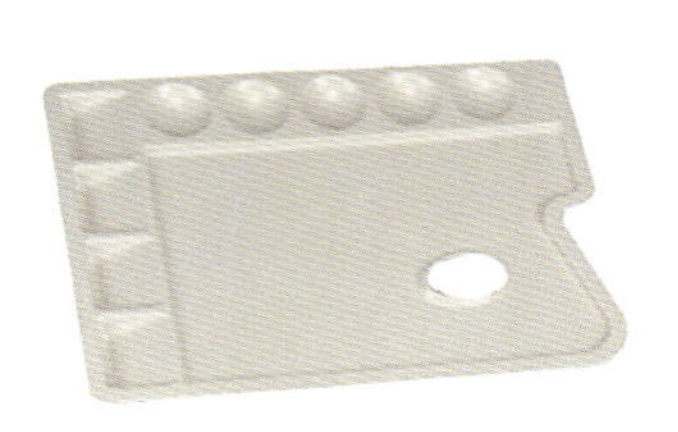

表现技法的分类

一、硬笔效果图表现技法

硬笔效果图表现技法是运用铅笔、钢笔、针管笔、签字笔以及塑料彩色水笔等工具绘出的效果图，其表现形式既可快速生动，又能认真而严谨，线条丰富多变，表现力极强。硬笔效果图的表现，能够加深我们对设计语言的理解以及空间关系的把握，还能够培养和锻炼我们对空间的概括及设计的抽象思维能力。

1. 工具与线条

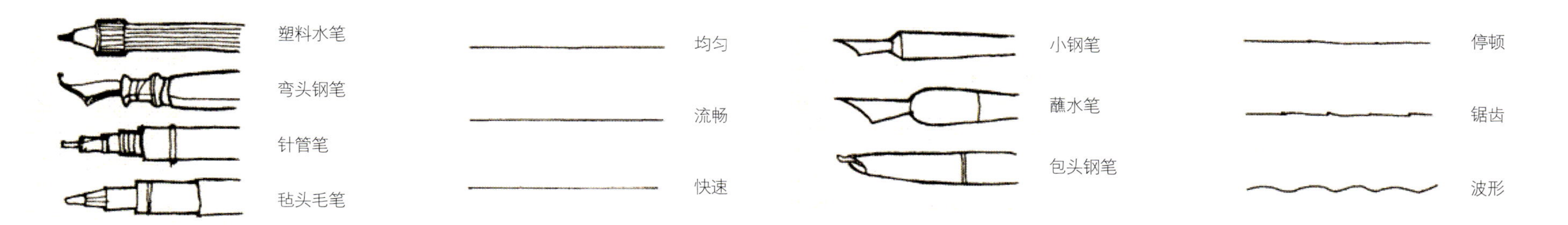

2. 线条的表现

正确运笔法	错误运笔法
运笔放松，一次一条线	错误原因：往返描绘
线条过长，可分段画	错误原因：线条搭接，易出黑斑
局部弯曲，大方向较直	错误原因：大方向倾斜

线条的排列与重叠

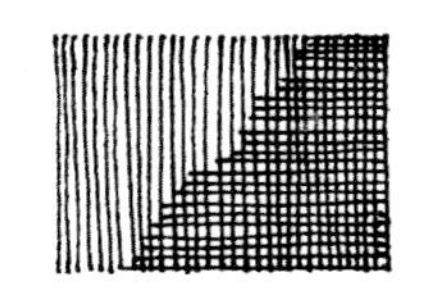
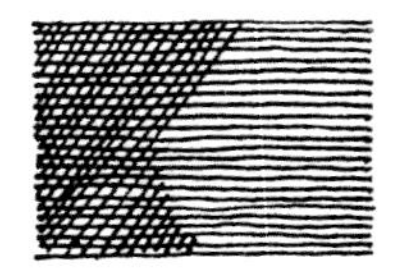
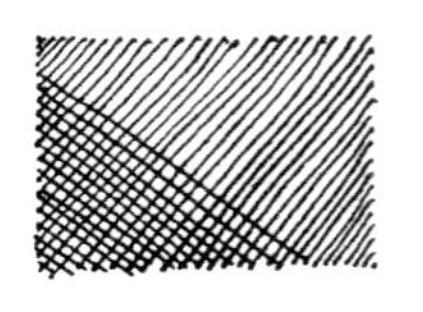

直线条的排列与重叠

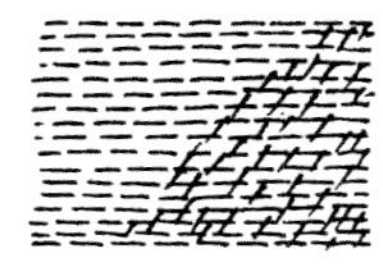
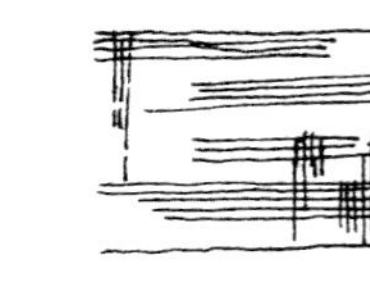
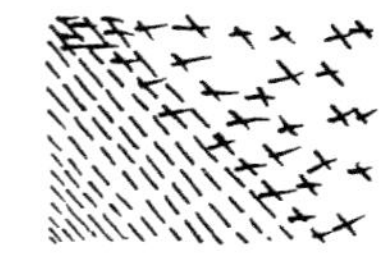

曲线条的排列与重叠

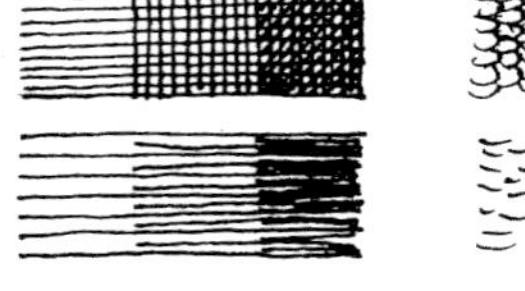

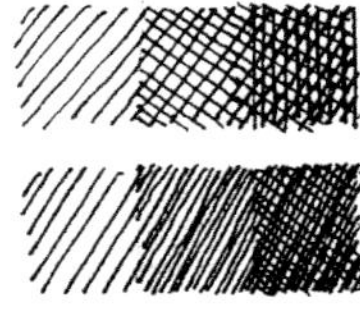

组合线

直线、曲线、点、斜线的渐变退晕
直线、曲线、点、斜线的分格渐变退晕

线段的拼接

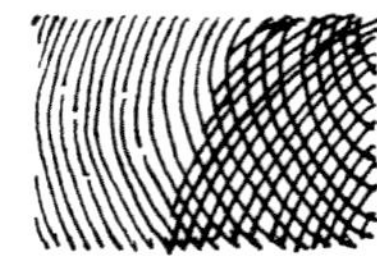
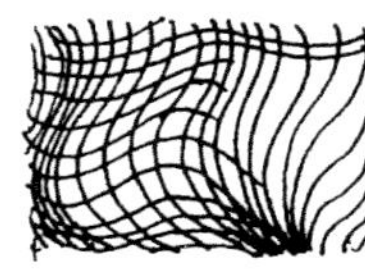
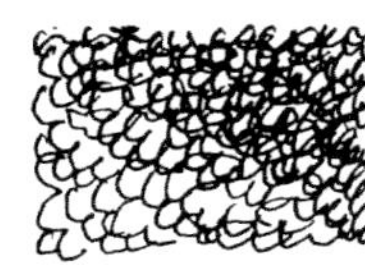

3. 速写

利用表现力丰富的线条，快速表现建筑空间及形体，速写训练能够培养我们敏锐的观察力和概括表达能力，是我们写生及搜集设计素材的最有效的设计表达方式 。好的速写效果图要求透视准确、构图完整、比例协调、空间感强、重点突出。以下介绍几种常见的速写技法：

单线白描——以粗细相同的线条来表现室内，主要利用线条的疏密来组织画面的效果和构图。

线面结合——在单色白描的绘图基础上，利用美工弯头钢笔将室内门窗、阴影等暗部区域涂黑，这样表现的图面效果生动，空间体量感强。

线面结合

单线白描

4．徒手线描

等同于绘画意义上的速写，但线描表现较为理性，对概括和抽象的思维能力要求较高，注重对空间形体特征，如比例、尺度、结构等的准确表达。

5．器械线描

借助一些绘图仪器，或直尺、曲线板之类的绘图工具来表现，对图面效果的准确度要求较高，可以作为水彩及水粉等彩色效果图的着色底稿进行渲染。

效果图上色技法

一、钢笔淡彩上色技法

钢笔淡彩是钢笔线条与水彩相结合的最为常用的一种色彩表现手法，其画面色彩清晰明快、物体形象轻灵飘逸，此外跟钢笔线条的流畅与疏密有致相结合，能较为有力地突出画面的空间感与层次感。

钢笔淡彩上色时，先要计划好需要留白的地方，要由浅入深、由薄到厚的上色，先湿画后干画，先虚后实。色彩重叠的次数不宜过多，否则会失去透明感和润泽感而变的模糊不清，要注意对笔端的含水量和上色时间的控制与把握。

钢笔淡彩的基本上色技法有两种，一种是渲染法，包括平涂和退晕等，另一种是随意性的填色法，湿晕染和平涂叠色及笔触的技法在实际的绘画过程中往往综合运用。

（1）叠加法：待前一遍颜色干透后再叠加第二遍颜色，适合表现光的投影和面的变化。

（2）退晕法：在调配水彩颜料时，通过对水分的控制达到色彩渐变的效果。

（3）平涂法：调配一种颜色的水彩颜料，大面积均匀着色，并且运笔速度保持一致，不留笔触。

叠加法　　退晕法　　平涂法

二、马克笔上色技法

马克笔主要有水溶性、油性及酒精性三种，笔头较宽，笔尖直画为细线，斜画可产生粗线，笔触间的叠加能够产生丰富的色彩变化，但不可重复过多。着色时要注意用笔的次序，要先浅后深，切忌凌乱琐碎，线条要挺直有力，落笔要准，运笔要流畅，此外还要注意留白效果。

马克笔的基本上色技法：
并置——运用马克笔并列地排出彩色线条。
重置——运用马克笔组合同类色的色彩，排出线条。
跌彩——运用马克笔组合不同的色彩，表现色彩变化。

马克笔的基本上色步骤：
用针管笔或钢笔勾出效果图空间透视的墨线底稿，线条的粗细依据画面来定，除透视和构图外，还要注意用马克笔来表现概括和简练底稿的部分繁琐的线条。
着色时应遵循从上到下，或是先背景后主体的原则，由浅至深画出界面大的色彩关系，要注意图面的留白，还要考虑色彩叠加后产生的画面色彩的变化。
将家具、陈色及细部造型进一步深化，具体表现出材质的质感，强调物体的转折及空间进深的关系。
用白粉点出画面的高光部分，进一步调整好画面整体上的色彩、光影及空间关系。

马克笔绘图的基本步骤解析：
先以冷灰色或暖灰色的马克笔将画面上基本的明暗调子定出来。
对室内其他有暖色的色块一一上色，同时要把握小对比色块的大小程度，图面上这种色块的面积不能够太大。
丰富整个画面空间层次，颜色不能用的太多，以防图面凌乱琐碎。

三、彩色铅笔上色技法

彩色铅笔上色的基础技法，包括平涂排线、叠彩排线、水溶退晕等手法。
平涂排线——运用彩色铅笔均匀地排列出铅笔线条，达到色彩一致的画面效果。
叠彩排线——运用彩色铅笔排列出不同色彩的铅笔线条，各种色彩可重叠使用，图面变化较丰富。
水溶退晕——利用水溶性彩铅溶于水的特点，将彩铅线条与水融合达到退晕的画面效果。
彩铅上色的基本步骤解析
先考虑空间的整体色调，将图面上的部分环境色和对比色给确定下来，彩铅削尖一些，对画面进行具体的深入刻画。
将植物、摆设等画面内容根据空间色彩的要求，分别给表现出来，衬托画面效果，一些地方如顶棚，可采取镂空的方式处理，使画面通透。

四、喷绘着色技法

喷绘效果图是利用空气压缩机把色彩颜料喷涂到画面上的一种着色方式，喷绘形成的图面色彩颗粒细致柔和，光影处理变化微妙，材料质感表现的生动逼真。
通过对喷点、喷线和喷面的练习，掌握均匀喷涂和渐变喷涂等的操作技巧，要注意对喷量、喷距及喷速的均匀变化进行具体控制。
实际操作中为满足画面需要，常使用模板遮挡技术，运用纸、胶片等遮挡物来处理一系列的画面色彩效果。

五、综合着色表现技法

综合使用水彩、水粉、喷笔、马克笔、彩铅等工具表现画面其色彩效果的绘图技法，这样可以取长补短，能够使画面呈现出最佳的艺术效果。
水彩画透明、淡雅、水溶性好，画面轻快生动；水粉虽透明感较差，但附盖力强，容易修改；喷笔对色彩退晕、材料高光、灯光带等的深入刻画，对增强空间层次感等方面有较强的表现优势；彩铅、马克笔适用于刻画物体的暗部、阴影和表现物体的质感，如石材、树木的纹理等都可以深入表现。

综合性技法的绘画表现，是先以一种技法将画面上大的色彩关系给确定，再用其他技法刻画局部，直到画面表现出最佳的效果。

COLOR PENCIL TECHNIQUE

*彩铅表现技法

项目名称：大堂

作者：杜存宽

项目名称：会所[illegible]餐厅

作者：周峻岭

项目名称：会所二层包房

作者：周峻岭

项目名称：洋房餐厅
作者：杜栋斌

项目名称：洋房书房
作者：杜栋斌

项目名称：泰式别墅客厅

作者：

项目名称：休息室
作者：高晓铃

项目名称：泰式别墅餐厅
作者：高晓铃

项目名称：泰式别墅书房
作者：高晓铃

项目名称：东莞某物业大厦

作者：黄智彬

项目名称：广州某办公楼
作者：洪尚讯

项目名称：东莞银业大厦电梯厅
作者：蒋一兵

项目名称：

作者：

项目名称：

作者：

项目名称：长春名门饭店KTV包房方案
作者：杜海斌

项目名称：长春名门饭店行政套房方案
作者：杜海斌

项目名称：某样板间客厅方案
作者：杜海滨

项目名称：云南度假酒店健康中心大堂
作者：杜海滨

项目名称：某样板间主卧室方案
作者：杜海滨

项目名称：东莞诺豪夜总会包房方案
作者：杜海滨

项目名称：广州番禺某办公室大厅方案
作者：杜海滨

项目名称：某样板间主卧室方案
作者：杜海滨

项目名称：北京金台欧酒店总统客房方案

作者：杜海滨

项目名称：云南度假酒店健康中心VIP方案

作者：杜海滨

项目名称：北京金台欢酒店总统套房方案

作者：杜海滨

项目名称：长春名门饭店总统套房洗手间方案

作者：杜海滨

项目名称：北京金台欢酒店KTV包房方案

作者：杜海滨

项目名称：北京金台欢酒店KTV大厅方案

作者：杜海滨

项目名称：北京金台欢酒店大堂吧方案
作者：杜海斌

项目名称：广东湛江恒逸大酒店包房1

作者：刘冰

项目名称：中式别墅二层卧室

作者：杜炼斌 王庆峰

项目名称：中式别墅客厅

作者：张志峰

项目名称：广州鑫盛大厦总经理办公室方案

作者：杜海斌

项目名称：广州鑫盛大厦办公区方案

作者：杜海斌

项目名称：江南世家
作者：杨建营

项目名称：四川酒楼
作者：杨建营

北京郭庄雅居主卧室效果图
Huang Yi Bing
2004.7.26.

客厅设计概念图

项目名称：某住宅主人房概念图
作者：赵佳伟

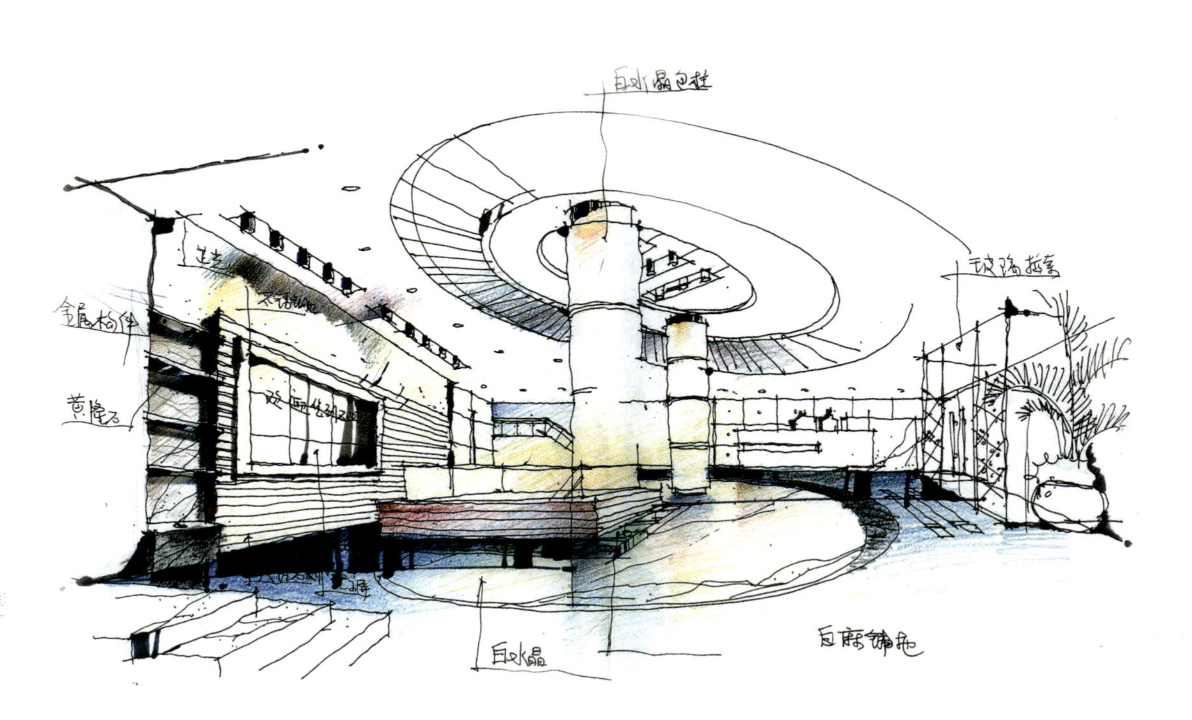

项目名称：石河子大堂设计概念图
作者：林俊秀

项目名称：广东百信花园大堂

作者：志松

项目名称：越秀楚庭电梯间
作者：严景明

项目名称：广州伊顿十八方案客厅
作者：陆青

项目名称：[illegible]

作者：[illegible]

项目名称：[illegible]

作者：[illegible]

项目名称：[illegible]

作者：[illegible]

项目名称：某总经理办公室

作者：忠志军

项目名称：某国际会议中心

作者：忠志军

项目名称：上海青浦人家大酒店套房方案
作者：张正宇

三区装饰品

D座五层电梯间

项目名称：某楼梯间
作者：钟志军

项目名称：苏州图书馆
作者：王宇

项目名称：天津某酒店大堂

作者：刘军

项目名称：[illegible]
作者：[illegible]

项目名称：[illegible]
作者：[illegible]

项目名称：[illegible]
作者：[illegible]

项目名称：广东湛江恒逸大酒店大堂
作者：刘冰

项目名称：大堂
作者：张志峰

项目名称：杭州萧山绿都样板间
作者：林厚财

项目名称：杭州萧山绿都样板房02
作者：郑思泽

项目名称：杭州江南春城
作者：林厚财

项目名称：杭州萧山绿都样板间
作者：林厚财

作品名称：某酒店大堂吧方案

作者：许志军

项目名称：天福茶楼
作者：蔡万涯

项目名称：厦门海景酒吧

作者：蔡万涯

项目名称：泛华会所四季厅

作者：蔡万涯

项目名称：晋城博物馆

作者：蔡万涯

项目名称：厦门台湾文化交流中心

作者：蔡万涯

曲吊灯(玻璃)
木造型墙身(条纹)
2003 6

项目名称：广东电信广场大堂方案

作者：许志军

项目名称：酒店商务中心走廊方案

作者：许志军

项目名称：天台走廊

作者：许志军

项目名称：[illegible]

作者：[illegible]

项目名称：[illegible]

作者：[illegible]

项目名称：[illegible]

作者：[illegible]

项目名称：金钻酒店酒吧厅方案
作者：许志军

项目名称：顺德检察院大堂方案
作者：许志军

项目名称：金钻酒店桑拿水区方案
作者：许志军

项目名称：卧室表现
作者：杨凯

项目名称：某家装过厅
作者：赵睿

项目名称：餐厅
作者：赵国斌

项目名称：某家装开放式餐厅
作者：赵睿

项目名称：利雅湾样板房

作者：杨建强

项目名称：[illegible]

作者：杨建强

设计名称：广州[illegible]

作者：杨建强

项目名称：广州某示范单位
作者：杨建霆

项目名称：四川酒楼
作者：杨建霆

项目名称：广州某酒楼
作者：杨建霖

项目名称：广州某示范单位
作者：杨建霖

项目名称：广州某酒楼
作者：杨建霆

项目名称：广州某示范单位
作者：杨建霆

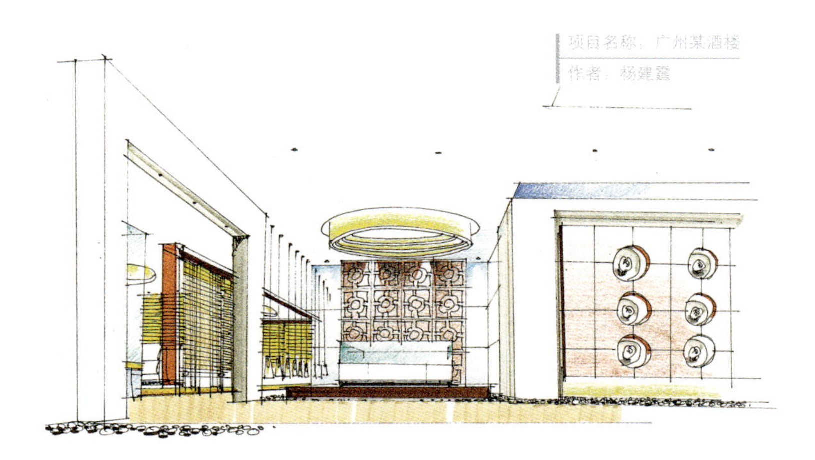

项目名称：广州某酒楼
作者：杨建霆

项目名称：广州某示范单位
作者：杨建鑫

项目名称：广州某示范单位
作者：杨建鑫

项目名称：广州某示范单位
作者：杨建鑫

项目名称：中山雅居乐样板间
作者：杨建霖

项目名称：广州某示范单位
作者：杨建霖

项目名称：广州某示范单位

作者：杨建鏊

项目名称：广州某酒楼

作者：杨建鏊

项目名称：中联临泽多功能餐厅

作者：赵森

项目名称：某客厅
作者：钟志军

项目名称：陶瓷城卖场
作者：钟志军

项目名称：某某接待展厅
作者 赵群

项目名称：广州某酒店大堂
作者 赵群

项目名称：北京西郊宾馆西餐厅
作者：赵睿

项目名称：时代豪庭示范样板
作者：郑加兴

项目名称：室内习作
作者：赵睿

项目名称：辽宁营口某会议室
作者：赵蓉

项目名称：某室内空间
作者：赵国斌

项目名称：某宾馆卫生间
作者：赵睿

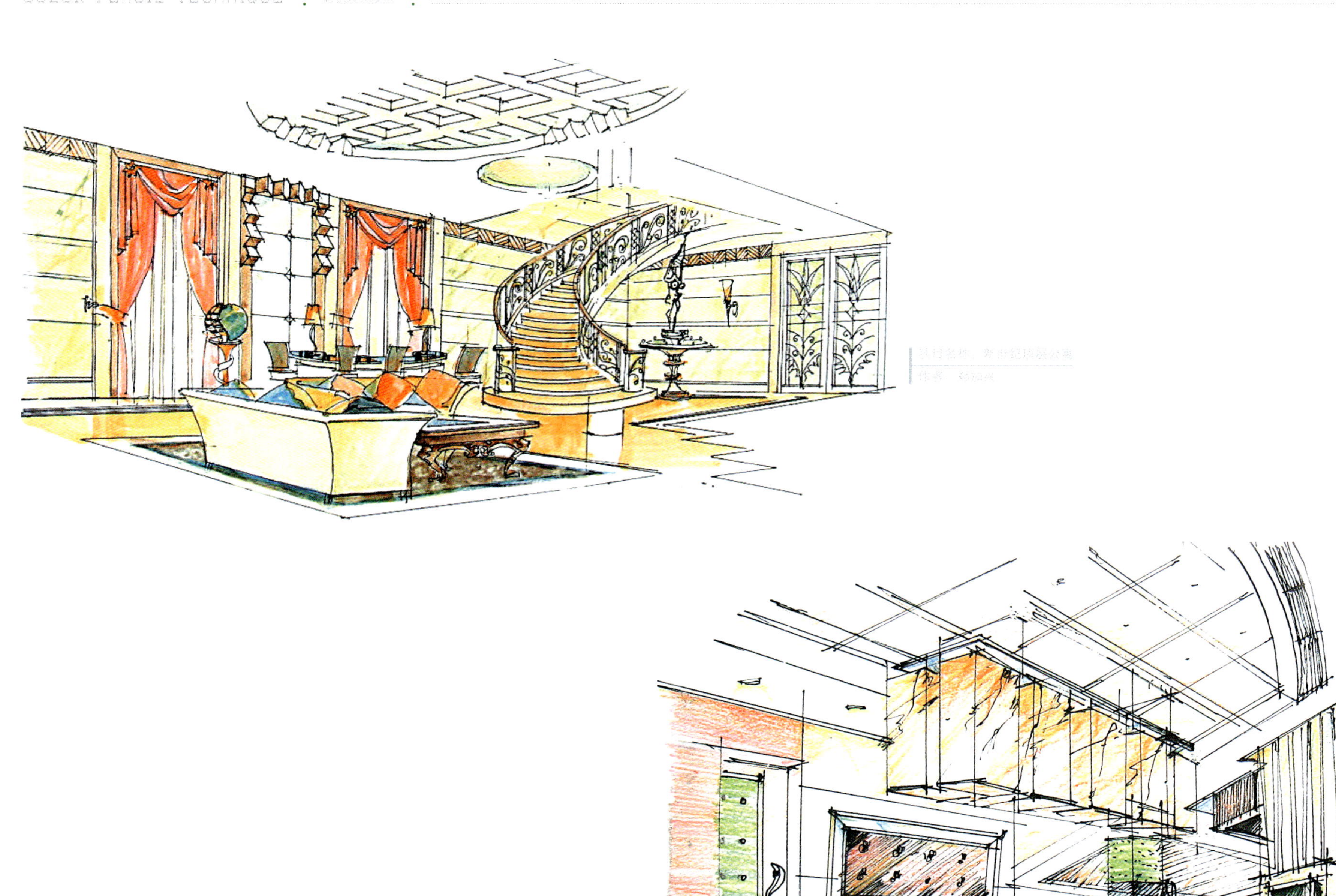

项目名称：[illegible]

作者：[illegible]

项目名称：[illegible]

作者：[illegible]

项目名称：电子数码时尚展示厅

作者：郑加兴

项目名称：某大堂

作者：钟志军

项目名称：某保险公司大堂

作者：钟志军

项目名称：易登机VIP室

作者：钟志军

项目名称：某中餐厅大堂

作者：钟志军

DRAGON. CHUNG

DRAGON. CHUNG

项目名称：某客厅
作者：钟志军

项目名称：某客厅
作者：钟志军

DRAGON Zhong. 2003. 11

MANUNIT

项目名称：某酒店大堂

作者：钟志军

项目名称：某卫生间
作者：钟志军

项目名称：某客厅
作者：钟志军

项目名称：复式客厅
作者：钟志军

项目名称：某中餐大厅

作者：钟志军

项目名称：某宴会厅

作者：钟志军

项目名称：某桑拿水区

作者：钟志军

项目名称：某酒店大堂
作者：钟志军

项目名称：某酒店过厅
作者：钟志军

项目名称：某夜总会大厅
作者：孙光军

项目名称：某客厅
作者：钟志军

项目名称：某客厅
作者：钟志军

项目名称：复式客厅
作者：钟志军

项目名称：某中餐厅包房
作者：钟志军

项目名称：某酒吧
作者：钟志军

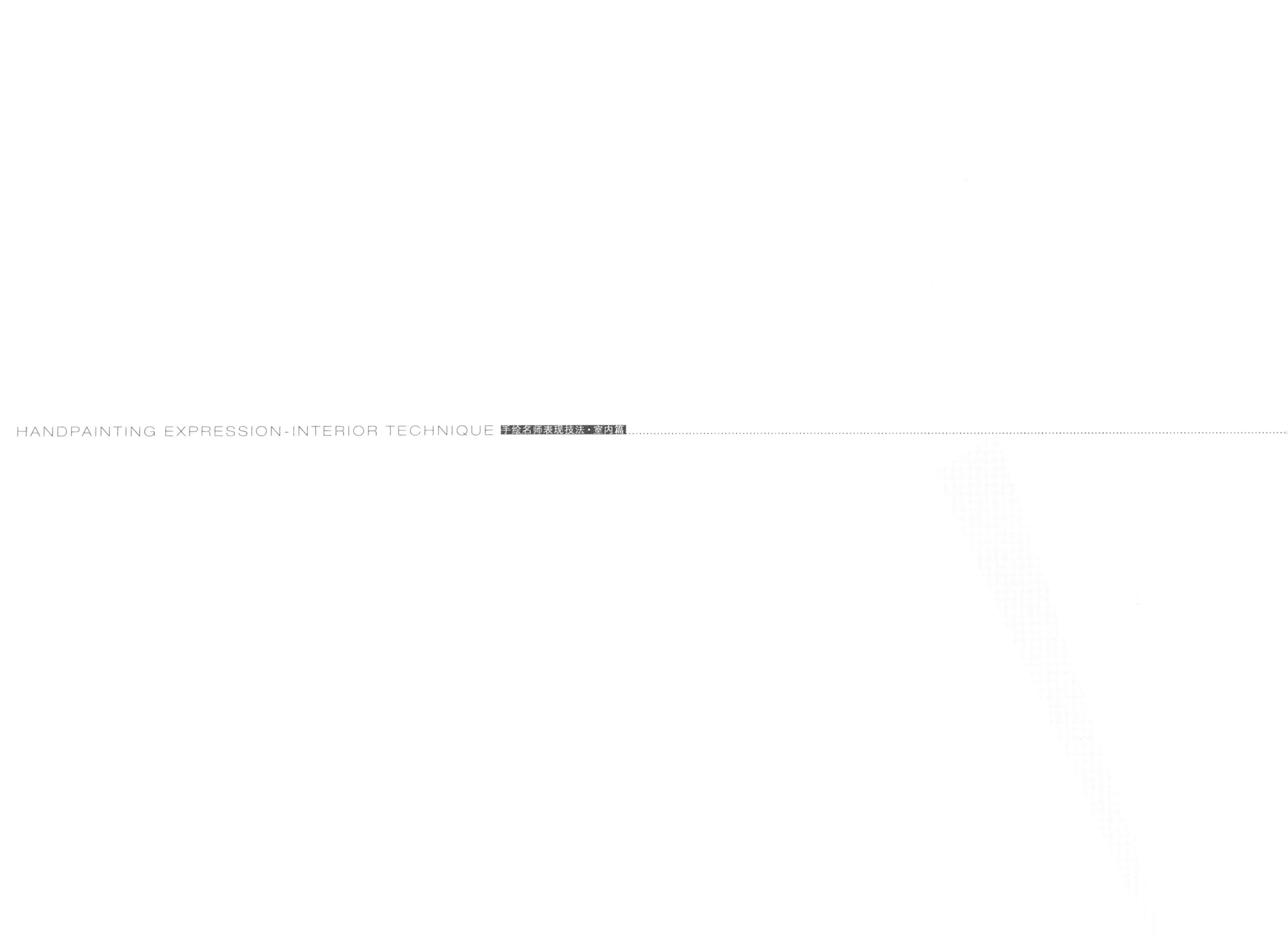

MARK PEN TECHNIQUE

* 马克笔表现技法

项目名称：二层办公大堂
作者：杜燕斌

项目名称：服务区
作者：周峻岭

项目名称：会所酒店中餐厅02
作者：杜燕斌

项目名称：北京新世纪钱柜01
作者：冯韶敏

项目名称：北京新世纪钱柜02
作者：冯韶敏

项目名称：北京新世纪钱柜03

作者：冯韶敏

项目名称：北京新世纪钱柜04

作者：冯韶敏

项目名称：儿童房表现
作者：林文东

项目名称：单体表现
作者：赵国斌

项目名称：卧室表现
作者：范徐华

项目名称：卧室表现
作者：林文东

项目名称：北京新世纪钱柜05

作者：冯韶敏

项目名称：广州JK发型屋店面设计

作者：冯韶敏

项目名称：别墅客厅表现

作者：林文东

项目名称：中式主卧表现

作者：林文东

项目名称：柳州绿茵阁西餐厅

作者：冯少敏

项目名称：北京新世纪铁框06

作者：冯韶敏

项目名称：北京新世纪钱柜09
作者：冯韶敏

项目名称：北京新世纪钱柜10
作者：冯韶敏

项目名称：广州某建材展示厅
作者：[illegible]

项目名称：酒店大堂
作者：[illegible]

项目名称：宾馆大堂
作者：赵国斌

项目名称：经理办公室
作者：赵国斌

项目名称：卧室
作者：赵国斌

项目名称：餐厅

作者：赵国斌

项目名称：圣陶沙家园售楼处

作者：赵国斌

圣陶沙花园

项目名称：北京新世纪线框11
作者：冯朝敏

项目名称：北京新世纪线框12
作者：冯朝敏

项目名称：某办公室接待厅

作者：赵国斌

项目名称：餐厅

作者：赵国斌

项目名称：水上渔港餐厅

作者：赵国斌

项目名称：宾馆大堂
作者：赵国斌

项目名称：[illegible]
作者：[illegible]

项目名称：[illegible]
作者：[illegible]

项目名称：天津凯立家园客厅
作者：陈杰

项目名称：天津市美好公寓
作者：陈杰

项目名称：天津瑞江花园客厅

作者：陈杰

项目名称：天津中泰世纪花园样板间

作者：陈杰

项目名称：东莞报业大厦走廊

作者：韩一飞

项目名称：泰达园客厅
作者：陈杰

项目名称：东莞报业大厦大堂
作者：黄一兵

项目名称：杭州青藤茶馆洗手间
作者：叶蕾

项目名称：东莞某办公大楼
作者：黄一兵

项目名称：起居室
作者：刘宇

项目名称：大堂
作者：张志峰

项目名称：风尚咖啡厅
作者：王芸

项目名称：花半里 样板房
作者：王芸

项目名称：复式[illegible]
作者：[illegible]

项目名称：“花半里”样板房走廊
作者：王芸

项目名称：某电视台前厅
作者：赵国斌

项目名称：小型复式空间
作者：林文东

AMERICABANK
MERICA BANK
GOLD
CASH BOX

项目名称："水榭花都"样板房卧室
作者：李荣

项目名称：扬州迎宾馆门厅
作者：李荣

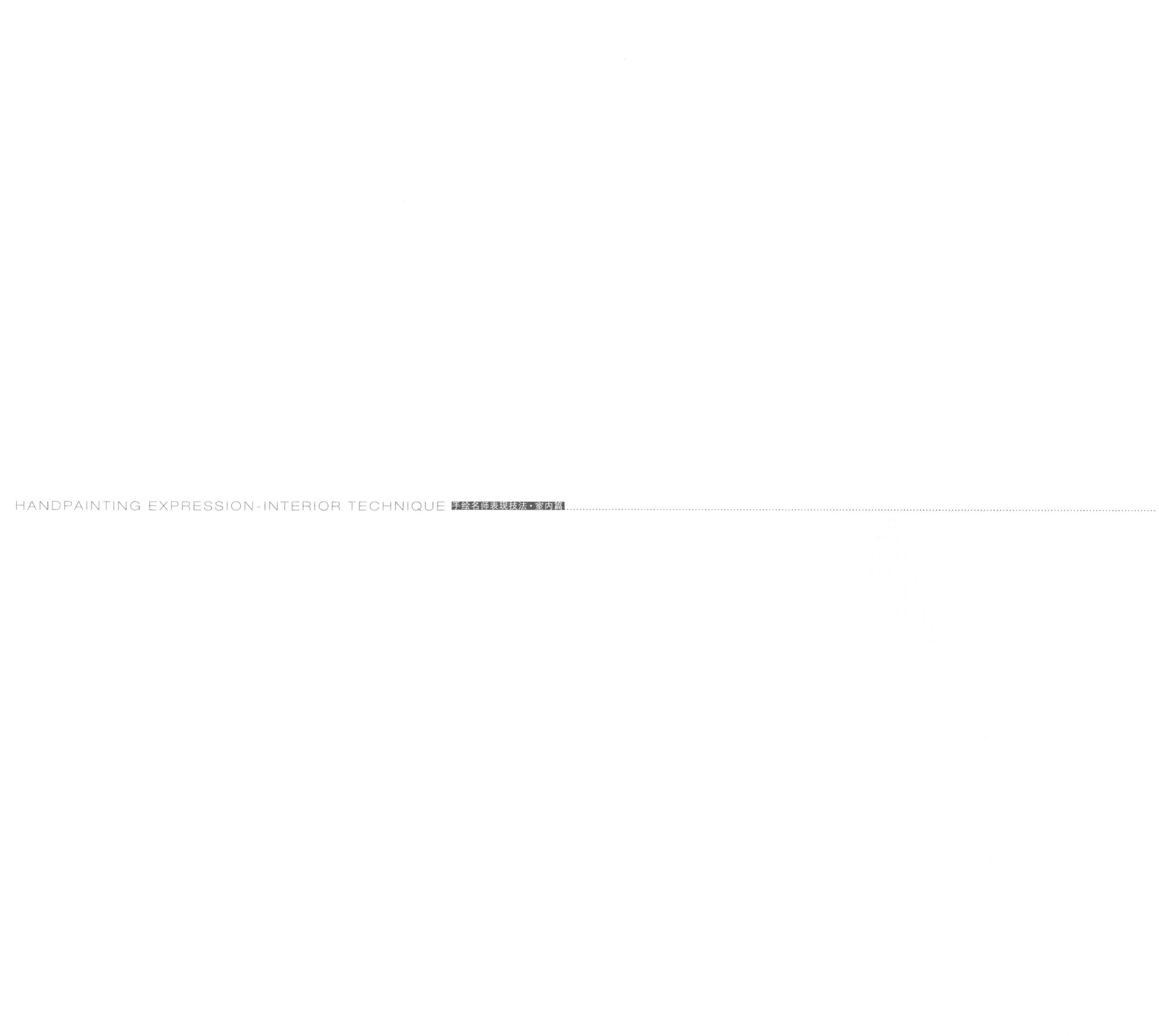

PENCIL TECHNIQUE

铅笔表现技法

项目名称：某宾馆大堂改造方案
作者：杨天朝

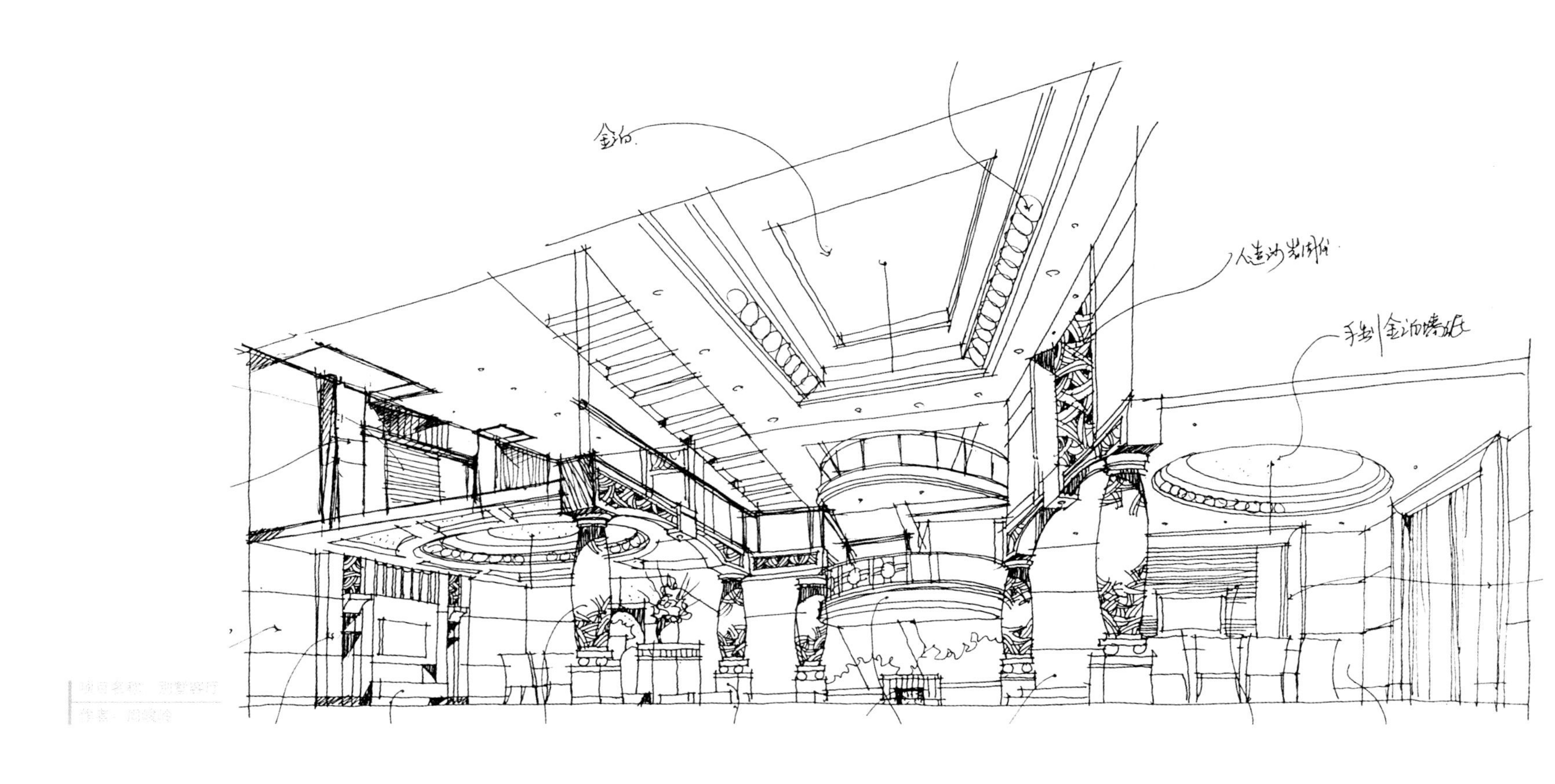

项目名称：别墅客厅
作者：[illegible]

项目名称：[illegible]
作者：[illegible]

项目名称：珠江帝景酒店大堂

作者：杨威

项目名称：某前厅
作者：钟志军

项目名称：某法院大堂
作者：钟志军

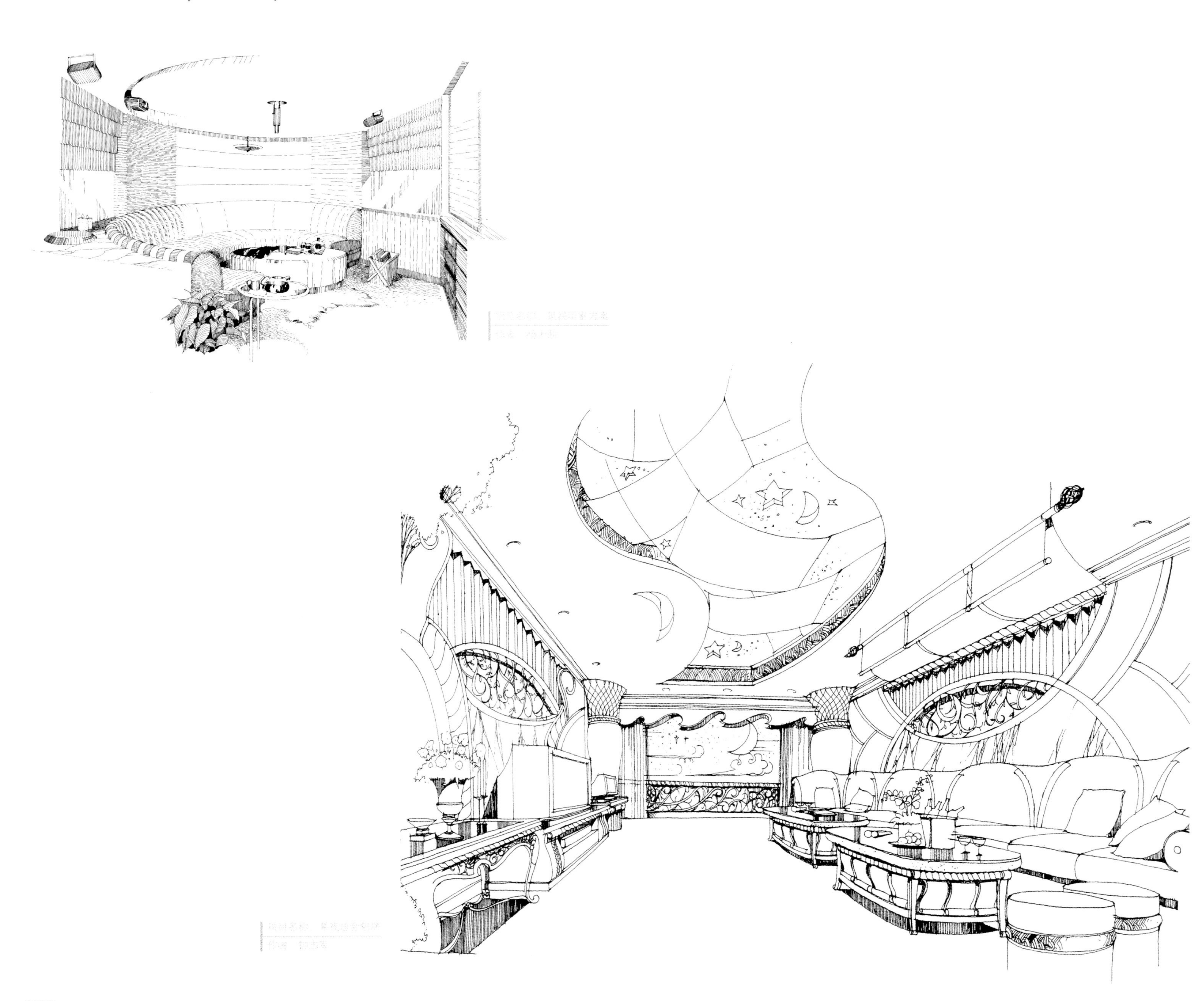

项目名称：某夜总会大厅

作者：钟志军

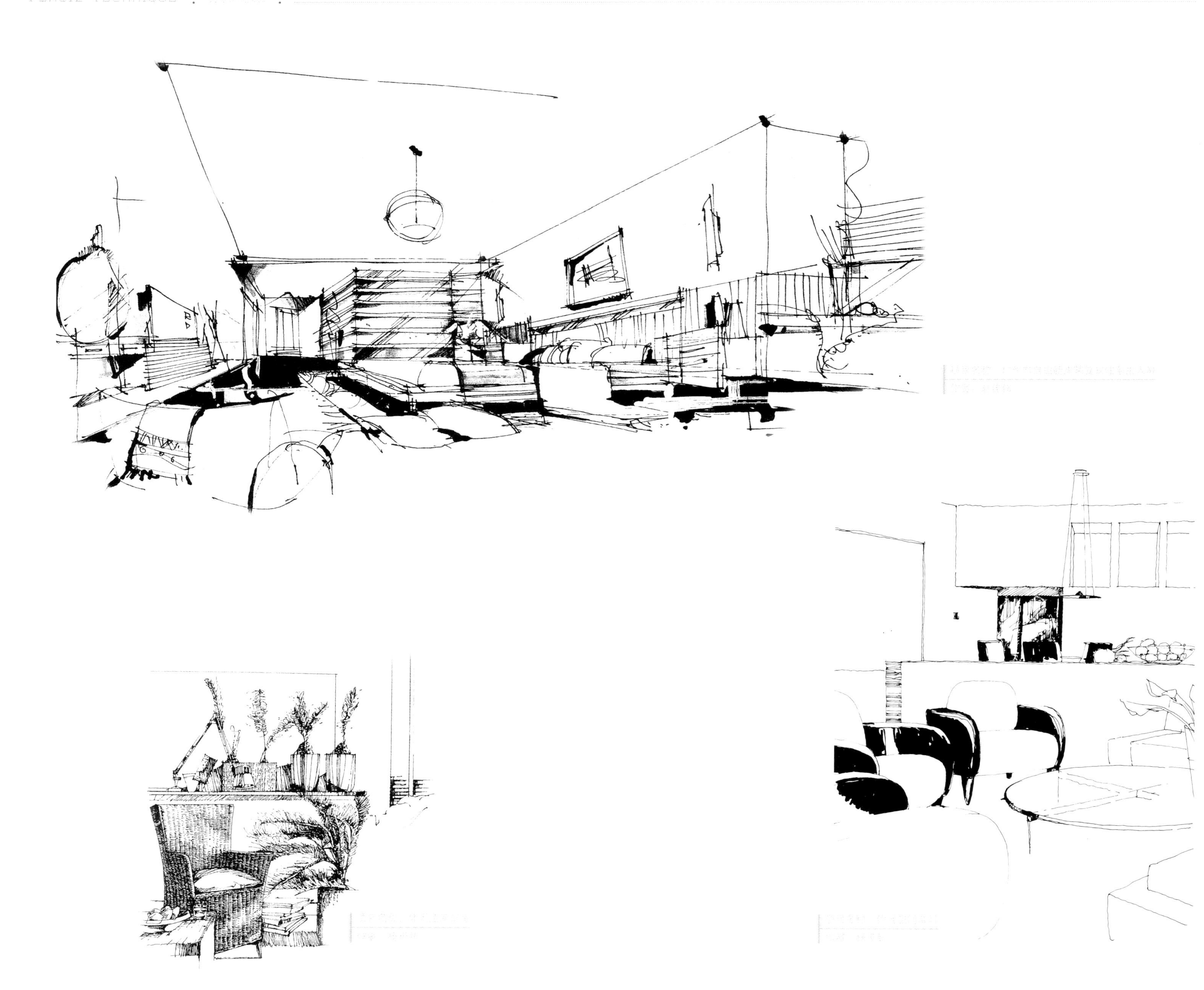

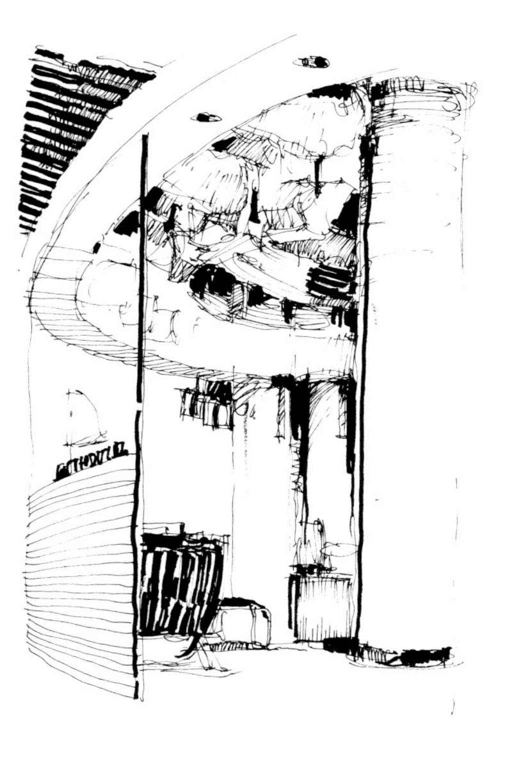

项目名称：酒店室内速写

作者：杨天明

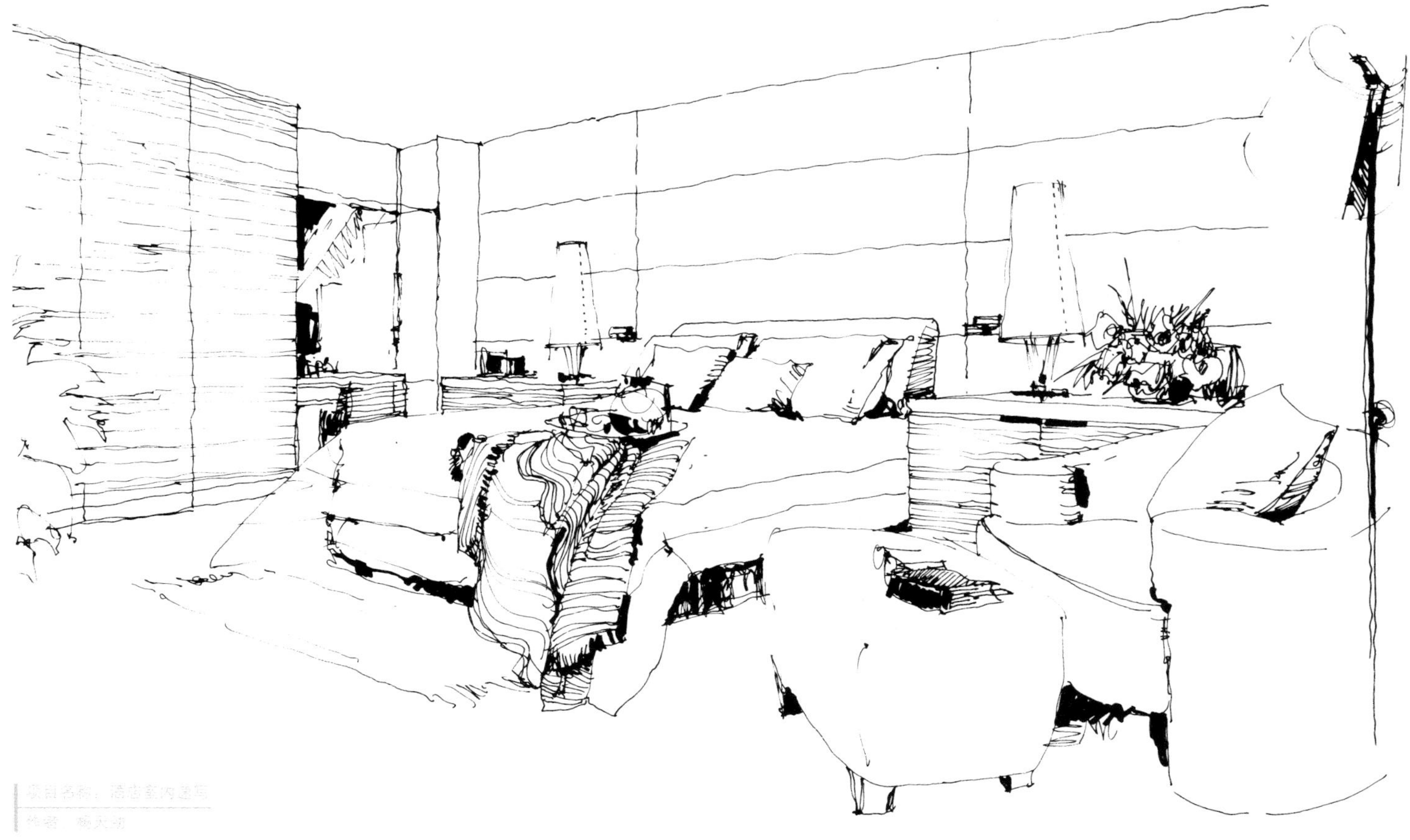

项目名称：酒店室内速写

作者：杨天明

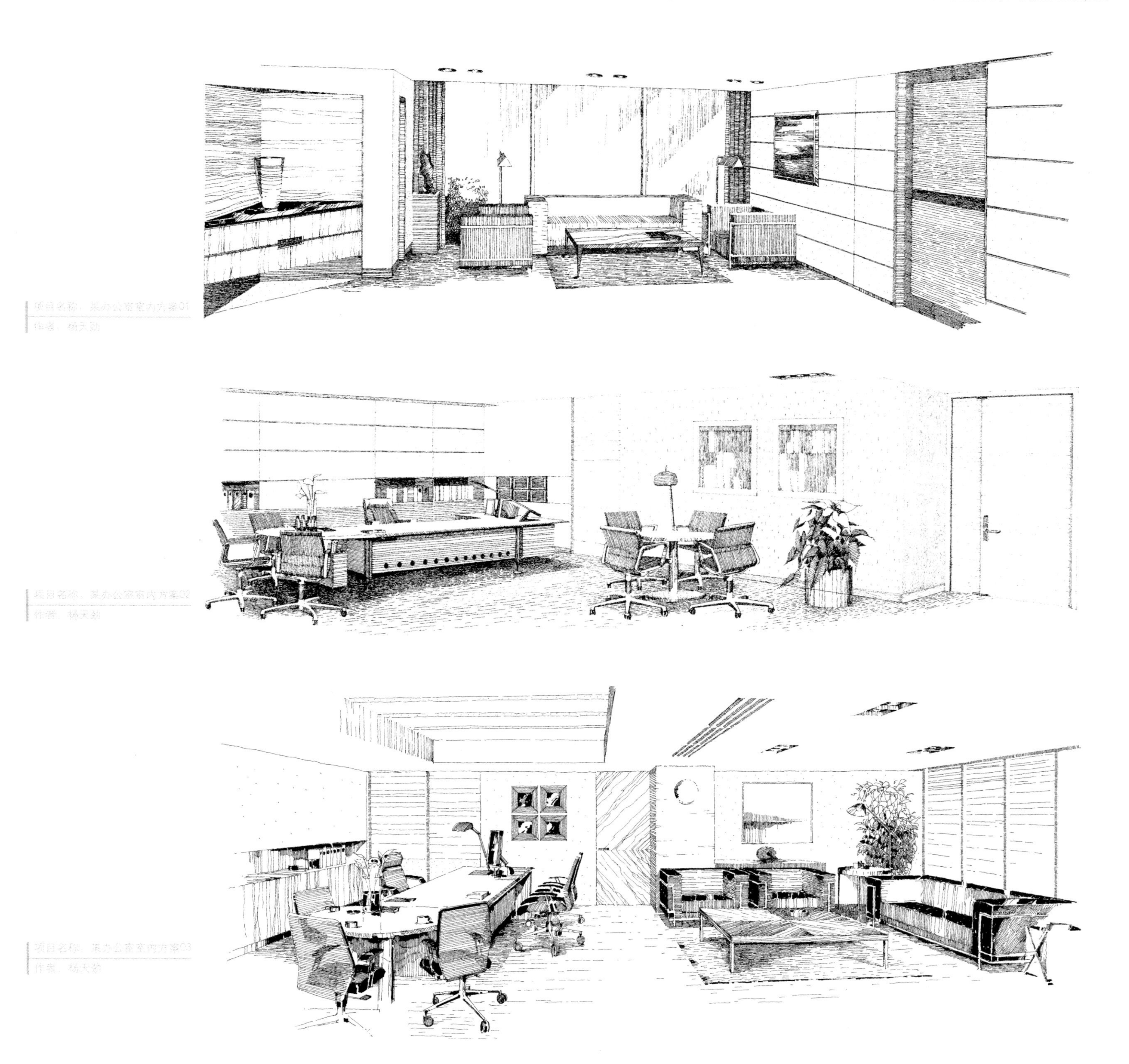

项目名称：某办公室室内方案01
作者：杨天劲

项目名称：某办公室室内方案02
作者：杨天劲

项目名称：某办公室室内方案03
作者：杨天劲

项目名称：杭州富春山居王宅
作者：林厚俯

项目名称：黑龙江广电中心
作者：杨斌

项目名称：某酒店大堂方案
作者：杨[illegible]

项目名称：杭州江南花园叶宅

作者：林厚财

项目名称：杭州富春山居王宅

作者：林厚财

项目名称：某客厅方案
作者：杨天劲

项目名称：B4号别墅过道方案
作者：杨天劲

项目名称：温泉别墅书房

作者：邹京康

项目名称：温泉别墅餐厅

作者：邹京康

项目名称：温泉别墅起居室04

作者：邹京康

项目名称：温泉别墅起居室05

作者：邹京康

AK.

ZTK04.

项目名称：[illegible]

作者：[illegible]

项目名称：[illegible]

作者：[illegible]

项目名称：[illegible]

作者：[illegible]

项目名称：[illegible]

作者：[illegible]

WATER-COLOR TECHNIQUE

*水彩表现技法

项目名称：元远温泉餐厅包房
作者：孙佳靓

项目名称：广州天鹅湾示范单位02
作者：冯韶敏

项目名称：广州天銮湾示范单位03
作者：冯韶敏

项目名称：广州天銮湾住户大堂
作者：冯韶敏

项目名称：广州天鹅湾示范单位04
作者：冯韶敏

项目名称：广州天鹅湾示范单位05
作者：冯韶敏

项目名称：广州宏城花园别墅
作者：冯绍敏

项目名称：碧水庄园别墅游泳池
作者：杨斌

项目名称：中式餐厅

作者：

项目名称：杭州青藤茶馆过厅

作者：叶雷

项目名称：某艺术沙龙

作者：符学丽

项目名称：碧水庄园别墅

作者：杨斌

项目名称：办公空间表现

作者：杨凯

项目名称：艺术中心室内设计

作者：邹京康

项目名称：客厅家居01
作者：杨凯

项目名称：书房表现
作者：杨凯

项目名称：客厅表现02
作者：杨凯

项目名称：餐厅表现
作者：杨凯

项目名称：客厅表现03
作者：杨凯

项目名称：卧室表现
作者：杨凯

项目名称：客厅表现04
作者：杨凯

吉典文化
WWW.JI-CHINA.COM